Ruby Jindal

Alimentar o futuro: Inovações em tecnologias de energias renováveis

AF293251

Ruby Jindal

Alimentar o futuro: Inovações em tecnologias de energias renováveis

ScienciaScripts

Imprint

Any brand names and product names mentioned in this book are subject to trademark, brand or patent protection and are trademarks or registered trademarks of their respective holders. The use of brand names, product names, common names, trade names, product descriptions etc. even without a particular marking in this work is in no way to be construed to mean that such names may be regarded as unrestricted in respect of trademark and brand protection legislation and could thus be used by anyone.

Cover image: www.ingimage.com

This book is a translation from the original published under ISBN 978-620-7-80804-5.

Publisher:
Sciencia Scripts
is a trademark of
Dodo Books Indian Ocean Ltd. and OmniScriptum S.R.L publishing group

120 High Road, East Finchley, London, N2 9ED, United Kingdom
Str. Armeneasca 28/1, office 1, Chisinau MD-2012, Republic of Moldova, Europe
Printed at: see last page
ISBN: 978-620-7-90200-2

Índice

Capítulo 1: A necessidade de energias renováveis.................................4

Capítulo 2: Visão geral das fontes de energia renováveis......................8

Capítulo 3: Energia solar..15

Capítulo 4: Energia eólica...21

Capítulo 5: Energia hidroelétrica...28

Capítulo 6: Energia geotérmica..36

Capítulo 7: Energia da biomassa..43

Capítulo 8: Conclusão e perspectivas futuras......................................50

Prefácio

Face às crescentes preocupações ambientais e à necessidade premente de atenuar os impactos das alterações climáticas, o mundo encontra-se num momento crítico do seu percurso energético. A tradicional dependência dos combustíveis fósseis não só contribuiu para a degradação ambiental como também provocou instabilidade económica e geopolítica. Neste contexto, a procura de tecnologias de energias renováveis surge não apenas como uma escolha, mas como um imperativo.

"Powering the Future: Innovations in Renewable Energy Technologies" é uma exploração abrangente do panorama em evolução das energias renováveis. Este livro analisa as várias tecnologias que estão a transformar a forma como produzimos, armazenamos e consumimos energia, destacando tanto os desafios como as oportunidades que temos pela frente.

A nossa viagem começa com uma visão geral do panorama energético atual, preparando o terreno para uma análise detalhada das principais fontes de energia renováveis: solar, eólica, hídrica, geotérmica e biomassa. Cada secção fornece uma análise exaustiva da tecnologia, das suas aplicações, vantagens e limitações. Além disso, exploramos as tendências e inovações emergentes nestes domínios, desde os avanços nos materiais fotovoltaicos até ao potencial dos parques eólicos offshore.

Para além das tecnologias de base, este livro também aborda os aspectos críticos do armazenamento de energia e da integração na rede, que são essenciais para a estabilidade e fiabilidade dos sistemas de energias renováveis. Discutimos soluções de armazenamento de vanguarda, como as tecnologias de baterias e o armazenamento hidroelétrico por bombagem, bem como inovações de redes inteligentes que permitem uma gestão eficiente da energia.

As considerações políticas e económicas desempenham um papel fundamental na adoção e no sucesso das tecnologias de energias renováveis. Assim, este livro examina os quadros regulamentares, os incentivos e a dinâmica do mercado que influenciam a implantação das energias renováveis. Também apresentamos estudos de caso de todo o mundo, mostrando implementações bem-sucedidas e extraindo lições que podem ser aplicadas globalmente.

<u>Por</u>

<u>Dr. Ruby Jindal</u>

<u>(Universidade K.R. Mangalam, Gurugram, Haryana, Índia)</u>

Capítulo 1: A necessidade de energias renováveis

1.1 Impactos ambientais dos combustíveis fósseis

A revolução industrial marcou um ponto de viragem significativo na história da humanidade, conduzindo a um crescimento económico e a avanços tecnológicos sem precedentes. No entanto, este progresso teve um custo ambiental muito elevado. A utilização generalizada de combustíveis fósseis - carvão, petróleo e gás natural - conduziu a uma grave degradação ambiental. A combustão de combustíveis fósseis é a principal fonte de emissões de gases com efeito de estufa, contribuindo significativamente para o aquecimento global e as alterações climáticas. O dióxido de carbono (CO_2), o metano (CH_4) e o óxido nitroso (N_2O) estão entre os gases com efeito de estufa mais impactantes libertados pela queima de combustíveis fósseis.

Poluição do ar: A combustão de combustíveis fósseis liberta uma grande quantidade de poluentes para a atmosfera, incluindo dióxido de enxofre (SO_2), óxidos de azoto (NO_x), partículas (PM) e compostos orgânicos voláteis (COV). Estes poluentes contribuem para doenças respiratórias, doenças cardiovasculares e mortes prematuras. As zonas urbanas, particularmente nos países em desenvolvimento, sofrem de graves problemas de qualidade do ar, que afectam milhões de pessoas.

Poluição da água: Os derrames de petróleo, a extração de carvão e a extração de gás natural podem conduzir a uma poluição significativa da água. Os contaminantes destas actividades podem entrar nas massas de água, prejudicando a vida aquática e perturbando os ecossistemas. A fracturação hidráulica, ou fracking, utilizada para a extração de gás de xisto, tem sido associada à contaminação das águas subterrâneas e à atividade sísmica.

Degradação do solo: A extração de carvão e de petróleo provoca frequentemente a contaminação e a erosão dos solos. As terras utilizadas para estas actividades tornam-se estéreis e inadequadas para a agricultura ou a habitação, o que leva à perda de biodiversidade e de serviços ecossistémicos.

Alterações climáticas: O impacto mais profundo da utilização de combustíveis fósseis é a mudança climática. O Painel Intergovernamental sobre as Alterações Climáticas (IPCC) tem sublinhado repetidamente que o aumento das temperaturas globais se deve, em grande parte, às actividades humanas, em particular à combustão de combustíveis fósseis. As alterações climáticas manifestam-se através da subida do nível do mar, do aumento da frequência e intensidade de fenómenos meteorológicos extremos e de perturbações nos ecossistemas e na biodiversidade.

1.2 O imperativo das alterações climáticas

O consenso científico é claro: as alterações climáticas são uma realidade e os seus efeitos já se fazem sentir em todo o mundo. O Acordo de Paris, adotado em 2015, visa limitar o aquecimento global a menos de 2°C acima dos níveis pré-industriais, com esforços para o manter a 1,5°C. A consecução deste objetivo exige uma redução substancial das emissões de gases com efeito de estufa, o que implica uma transição dos combustíveis fósseis para as fontes de energia renováveis.

Aumento das temperaturas: As temperaturas globais aumentaram cerca de 1,1°C desde o final do século XIX. Mesmo um aumento aparentemente pequeno da temperatura pode ter impactos significativos nos padrões climáticos, na agricultura e nos ecossistemas naturais.

Derretimento do gelo e subida do nível do mar: As calotas polares e os glaciares estão a derreter a um ritmo alarmante, contribuindo para a subida do nível do mar. Esta situação ameaça as comunidades costeiras, provocando deslocações e a perda de meios de subsistência.

Eventos climáticos extremos: As alterações climáticas estão associadas a um aumento da frequência e da gravidade de fenómenos meteorológicos extremos, como furacões, inundações, secas e ondas de calor. Estes fenómenos causam destruição generalizada, perdas económicas e sofrimento humano.

Perturbação dos ecossistemas: As alterações nos padrões de temperatura e precipitação afectam os ecossistemas e a biodiversidade. Muitas espécies enfrentam a extinção à medida que lutam para se adaptarem às rápidas mudanças nos seus habitats.

1.3 Considerações económicas e geopolíticas

A transição para as energias renováveis não é apenas um imperativo ambiental, mas também uma necessidade económica e geopolítica. O atual paradigma energético, dominado pelos combustíveis fósseis, conduziu a desafios económicos e políticos significativos.

Segurança energética: Muitos países dependem fortemente de combustíveis fósseis importados, o que os torna vulneráveis a perturbações no abastecimento e à volatilidade dos preços. As fontes de energia renováveis, sendo abundantes e disponíveis localmente, podem aumentar a segurança energética e reduzir a dependência de fontes de energia estrangeiras.

Crescimento económico e criação de emprego: O sector das energias renováveis tem o potencial de impulsionar o crescimento económico e criar milhões de empregos. A Agência Internacional para as Energias Renováveis (IRENA) estima que o sector das energias renováveis empregou mais de 11 milhões de pessoas em todo o mundo em 2018. O investimento em infraestruturas de energias renováveis pode estimular o desenvolvimento económico, em especial nas zonas rurais e nas zonas mal servidas.

Inovação tecnológica: O incentivo às energias renováveis estimulou a inovação tecnológica, levando a avanços na eficiência energética, no armazenamento e na gestão da rede. Estas inovações têm o potencial de transformar o panorama energético e criar novas oportunidades económicas.

Estabilidade geopolítica: A competição pelos recursos de combustíveis fósseis tem historicamente conduzido a conflitos e tensões geopolíticas. A transição para as energias renováveis pode reduzir estas tensões, diversificando as fontes de energia e reduzindo a importância estratégica das regiões ricas em combustíveis fósseis.

1.4 O caso das energias renováveis

Tendo em conta os desafios ambientais, económicos e geopolíticos associados aos combustíveis fósseis, a defesa das energias renováveis torna-se clara. As fontes de energia renováveis - como a solar, a eólica, a hidroelétrica, a geotérmica e a biomassa - oferecem uma alternativa sustentável e abundante.

Benefícios ambientais: As fontes de energia renováveis produzem poucas ou nenhumas emissões de gases com efeito de estufa, reduzindo o impacto nas alterações climáticas. A poluição do ar e da água também é mínima em comparação com os combustíveis fósseis.

Sustentabilidade: As fontes de energia renováveis são praticamente inesgotáveis. Os ciclos do sol, do vento e da água são processos contínuos que fornecem um abastecimento constante de energia. Isto contrasta com as reservas finitas de combustíveis fósseis, que se estão a esgotar rapidamente.

Independência energética: Ao aproveitar os recursos renováveis locais, os países podem reduzir a sua dependência dos combustíveis fósseis importados, aumentando a segurança energética e a resiliência económica.

Avanços tecnológicos: A investigação e o desenvolvimento contínuos estão a conduzir a melhorias significativas nas tecnologias de energias renováveis, tornando-as mais eficientes e rentáveis. As inovações no armazenamento de energia e na gestão da rede estão a resolver os problemas de intermitência associados a algumas fontes de energia renováveis.

Benefícios sociais e económicos: O sector das energias renováveis é um importante motor de criação de emprego e de desenvolvimento económico. Oferece oportunidades às comunidades locais para participarem na transição energética e beneficiarem dos ganhos económicos.

1.5 Conclusão

A necessidade de energias renováveis é impulsionada pelos desafios ambientais urgentes colocados pela utilização de combustíveis fósseis, pelo imperativo de atenuar as alterações climáticas e pelos benefícios económicos e geopolíticos de uma transição energética sustentável. As tecnologias de energias renováveis oferecem uma alternativa viável e necessária aos combustíveis fósseis, proporcionando uma via para um futuro mais limpo, seguro e próspero. À medida que avançamos, é crucial apoiar e acelerar o desenvolvimento e a implantação de soluções de energias renováveis, abraçando a inovação e a colaboração para enfrentar os desafios energéticos do nosso tempo.

Capítulo 2: Visão geral das fontes de energia renováveis

2.1 Definição de energias renováveis

A energia renovável provém de fontes que se reabastecem naturalmente numa escala de tempo humana, como a luz solar, o vento, a chuva, as marés, as ondas e o calor geotérmico. Ao contrário dos combustíveis fósseis, que são finitos e demoram milhões de anos a formar-se, as fontes de energia renováveis são sustentáveis e podem fornecer um abastecimento contínuo de energia. Os principais atributos das energias renováveis incluem os seus benefícios ambientais, a sua abundância e o seu potencial para reduzir as emissões de gases com efeito de estufa.

Principais características das energias renováveis:

- **Inesgotabilidade:** As fontes renováveis são naturalmente reabastecidas e praticamente inesgotáveis.

- **Baixo impacte ambiental:** A produção de energia renovável tem geralmente uma pegada ambiental menor em comparação com os combustíveis fósseis, reduzindo a poluição do ar e da água e minimizando a destruição do habitat.

- **Benefícios para o clima:** As energias renováveis reduzem as emissões de gases com efeito de estufa, ajudando a mitigar as alterações climáticas.

- **Segurança energética:** Os recursos renováveis locais aumentam a segurança energética ao reduzir a dependência de combustíveis importados.

2.2 Contexto histórico e evolução

A utilização de energias renováveis não é um conceito novo. Durante séculos, os seres humanos aproveitaram as forças naturais para satisfazer as suas necessidades energéticas. As primeiras civilizações utilizavam o vento para navegar em navios e moer cereais, a água para acionar moinhos e a biomassa para cozinhar e aquecer. No entanto, com o advento da revolução industrial, a dependência dos combustíveis fósseis aumentou drasticamente.

As primeiras utilizações das energias renováveis:

- **Energia eólica:** As civilizações antigas, como os egípcios e os gregos, utilizavam a energia eólica para navegar navios e bombear água.

- **Energia hidroelétrica:** As rodas de água eram utilizadas na China antiga e no Império Romano para moer cereais e efetuar outras tarefas mecânicas.

- **Biomassa:** A biomassa tem sido utilizada como fonte de energia primária para cozinhar e aquecer durante milénios.

O movimento moderno das energias renováveis ganhou ímpeto no final do século XX, à medida que cresciam as preocupações com a degradação ambiental, as crises petrolíferas e a natureza finita dos combustíveis fósseis. Os avanços tecnológicos e a crescente sensibilização para as alterações climáticas aceleraram ainda mais a adoção de fontes de energia renováveis.

Principais marcos no desenvolvimento das energias renováveis:

- **Crises petrolíferas dos anos 70:** Os embargos petrolíferos da década de 1970 evidenciaram a vulnerabilidade da dependência dos combustíveis fósseis e despertaram o interesse por fontes de energia alternativas.

- **Década de 1980-1990 Avanços tecnológicos:** As melhorias na tecnologia solar e eólica tornaram estas fontes mais viáveis e rentáveis.

- **Crescimento no século XXI:** O início do século XXI registou um crescimento exponencial da capacidade de produção de energias renováveis, impulsionado pelo apoio político, pela inovação tecnológica e pela diminuição dos custos.

2.3 Energia solar

A energia solar aproveita o poder do sol para gerar eletricidade e calor. É uma das fontes de energia renovável mais abundantes e amplamente disponíveis.

Sistemas fotovoltaicos: As células fotovoltaicas (PV) convertem a luz solar diretamente em eletricidade através do efeito fotovoltaico. Os sistemas fotovoltaicos podem ser instalados em telhados, integrados em materiais de construção ou implantados em parques solares de grande escala.

- **Componentes dos sistemas fotovoltaicos:** Células fotovoltaicas, módulos, matrizes, inversores e estruturas de montagem.

- **Tipos de células fotovoltaicas:** Monocristalinas, policristalinas e de película fina.

Energia solar térmica: As tecnologias solares térmicas utilizam a luz solar para gerar calor, que pode ser utilizado para aquecimento de água, aquecimento de espaços ou produção de eletricidade.

- **Aquecedores solares de água:** Utilizar colectores solares para aquecer água para uso doméstico ou industrial.

- **Energia solar concentrada (CSP):** Utiliza espelhos ou lentes para concentrar a luz solar numa pequena área e produzir temperaturas elevadas, accionando turbinas a vapor para a produção de eletricidade.

Tecnologias e tendências emergentes:

- **Células solares de perovskite:** Oferecem uma elevada eficiência e baixos custos de produção.

- **Fotovoltaicos integrados em edifícios (BIPV):** Integração de materiais fotovoltaicos em componentes de edifícios, como janelas e fachadas.

- **Quintas solares flutuantes:** Implantação de sistemas fotovoltaicos em massas de água para poupar terreno e melhorar a eficiência através do arrefecimento.

2.4 Energia eólica

A energia eólica capta a energia cinética do vento para gerar eletricidade. As turbinas eólicas, tanto em terra como no mar, convertem a energia eólica em energia mecânica e, posteriormente, em eletricidade.

Energia eólica onshore: Os parques eólicos onshore estão localizados em terra e são a forma mais comum de produção de energia eólica.

- **Componentes da turbina:** Pás, rotor, nacela, torre e fundação.

- **Considerações sobre a localização:** Velocidade do vento, disponibilidade de terrenos, impacto ambiental e proximidade de ligações à rede.

Energia eólica offshore: Os parques eólicos offshore estão situados em massas de água, normalmente na plataforma continental, onde as velocidades do vento são mais elevadas e mais consistentes.

- **Vantagens:** Velocidades do vento mais elevadas, menor impacto visual e sonoro e turbinas maiores.

- **Desafios:** Custos de instalação e manutenção mais elevados e integração complexa na rede.

Tecnologia e Inovação de Turbinas:

- **Turbinas maiores:** Aumento do tamanho e da capacidade para uma maior produção de energia.

- **Turbinas eólicas flutuantes:** Permitem a instalação em águas mais profundas onde as turbinas de fundo fixo não são viáveis.

- **Materiais e concepções avançadas:** Melhorar a eficiência e reduzir os custos.

2.5 Energia hidroelétrica

A energia hidroelétrica aproveita a energia da água corrente para gerar eletricidade. É uma das formas mais antigas e mais utilizadas de energia renovável.

Energia hidroelétrica: As centrais hidroeléctricas convertem a energia potencial da água armazenada nas barragens em energia mecânica e depois em eletricidade.

- **Tipos de centrais:** Represamento (barragens), desvio (a fio de água) e armazenamento por bombagem.

- **Impacto ambiental:** Pode afetar os ecossistemas fluviais, as populações de peixes e a qualidade da água.

Pequenas e Micro-hídricas: Estes sistemas produzem eletricidade a uma escala menor, adequada para zonas rurais ou remotas.

- **Vantagens:** Menor impacto ambiental, projectos orientados para a comunidade e aplicações fora da rede.

- **Tecnologias:** Turbinas micro-hídricas, sistemas a fio de água e energia hidroelétrica de baixa queda.

Energia dos oceanos: A energia dos oceanos inclui a energia das marés e das ondas, que aproveita a energia das marés e das ondas do oceano para gerar eletricidade.

- **Energia das marés:** Utiliza a subida e descida das marés para acionar turbinas.

- **Energia das ondas:** Captura a energia das ondas de superfície para gerar eletricidade.

- **Desafios:** Custos elevados, desenvolvimento tecnológico e considerações ambientais.

2.6 Energia geotérmica

A energia geotérmica aproveita o calor interno da Terra para gerar eletricidade e fornecer aquecimento. É uma fonte de energia fiável e consistente.

Centrais eléctricas geotérmicas: Estas centrais convertem o calor geotérmico em eletricidade. Estão normalmente localizadas em regiões com elevada atividade geotérmica, tais como áreas vulcânicas ou limites de placas tectónicas.

- **Tipos de instalações:** Vapor seco, vapor flash e ciclo binário.

- **Componentes:** Poços de produção, turbinas, geradores e poços de reinjecção.

Aplicações de utilização direta: A energia geotérmica pode ser utilizada diretamente para o aquecimento de edifícios, estufas, aquacultura e processos industriais.

- **Bombas de calor geotérmicas:** Utilizam temperaturas estáveis do solo para aquecer e arrefecer edifícios.

- **Sistemas de aquecimento urbano:** Fornecem aquecimento centralizado para comunidades ou complexos industriais.

Técnicas de exploração e desenvolvimento:

- **Levantamentos geofísicos:** Identificação de recursos geotérmicos através de levantamentos sísmicos, magnéticos e gravitacionais.

- **Tecnologias de perfuração:** Técnicas avançadas de perfuração para aceder a reservatórios geotérmicos profundos.

- **Sistemas geotérmicos melhorados (EGS):** Criação de reservatórios artificiais em áreas com rochas quentes e secas.

2.7 Energia da biomassa

A energia da biomassa é derivada de materiais orgânicos, como resíduos vegetais e animais. Pode ser utilizada para a produção de eletricidade, aquecimento e produção de biocombustíveis.

Tecnologias de conversão da biomassa:

- **Combustão:** Queima direta de biomassa para produzir calor e eletricidade.

- **Gaseificação:** Conversão de biomassa em gás de síntese (uma mistura de hidrogénio e monóxido de carbono) para produção de energia.

- **Digestão anaeróbia:** A decomposição da matéria orgânica na ausência de oxigénio para produzir biogás (metano) para energia.

Biocombustíveis: Os biocombustíveis são combustíveis líquidos derivados da biomassa, utilizados principalmente nos transportes.

- **Etanol:** Produzido a partir da fermentação de culturas de açúcar e amido (por exemplo, milho, cana-de-açúcar).

- **Biodiesel:** Produzido a partir de óleos vegetais, gorduras animais ou gorduras alimentares recicladas.

Sustentabilidade e impacto ambiental:

- **Disponibilidade de matérias-primas:** Garantir um abastecimento sustentável de matérias-primas de biomassa sem comprometer a segurança alimentar ou a biodiversidade.

- **Emissões do ciclo de vida:** Considerar as emissões de todo o ciclo de vida dos biocombustíveis, desde o cultivo até à combustão.

- **Utilização dos solos:** Equilíbrio entre a utilização dos solos para a produção de biomassa e outras necessidades, como a agricultura e a conservação.

2.8 Conclusão

As fontes de energia renováveis oferecem uma alternativa sustentável e amiga do ambiente aos combustíveis fósseis. Cada fonte tem as suas vantagens, aplicações e desafios únicos. Compreender as características e o potencial destas tecnologias é crucial para fazer avançar a transição global para um futuro de energia limpa. Os capítulos seguintes irão aprofundar cada tecnologia de energia renovável, explorando o seu desenvolvimento, implantação e as inovações que impulsionam o seu crescimento.

Capítulo 3: Energia solar

A energia solar é uma das fontes de energia renovável mais abundantes e acessíveis. Aproveitando o poder do sol, as tecnologias de energia solar podem gerar eletricidade, fornecer aquecimento e alimentar várias aplicações. Este capítulo explora os princípios, tecnologias e inovações da energia solar, realçando o seu potencial e abordando os desafios associados à sua adoção generalizada.

3.1 Sistemas fotovoltaicos

Os sistemas fotovoltaicos (PV) convertem a luz solar diretamente em eletricidade utilizando materiais semicondutores. O efeito fotovoltaico, descoberto pelo físico francês Edmond Becquerel em 1839, é a base desta tecnologia. Quando os fotões de luz atingem uma célula fotovoltaica, excitam os electrões, criando uma corrente eléctrica.

Componentes de sistemas fotovoltaicos:

- **Células fotovoltaicas:** Os blocos de construção básicos de um sistema fotovoltaico. Fabricadas a partir de materiais semicondutores, como o silício.

- **Módulos fotovoltaicos:** Múltiplas células fotovoltaicas ligadas em série ou em paralelo para aumentar a tensão e a corrente.

- **Parques fotovoltaicos:** Um grupo de módulos fotovoltaicos ligados entre si para formar um sistema maior.

- **Inversores:** Convertem a corrente contínua (DC) produzida pelas células fotovoltaicas em corrente alternada (AC) para utilização em casas e empresas.

- **Estruturas de montagem:** Apoiar e posicionar os módulos fotovoltaicos para maximizar a exposição à luz solar.

- **Balanço do sistema (BOS):** Inclui a cablagem, os interruptores, os fusíveis e o equipamento de monitorização.

Tipos de células fotovoltaicas:

- **Silício monocristalino:** Elevada eficiência e longa vida útil, mas a sua produção é mais dispendiosa.

- **Silício policristalino:** Eficiência e custo mais baixos em comparação com as células monocristalinas.

- **Película fina:** Fabricadas a partir de materiais como o telureto de cádmio (CdTe) ou o silício amorfo (a-Si), oferecem flexibilidade e custos de produção mais baixos, mas são geralmente menos eficientes.

Aplicações de sistemas fotovoltaicos:

- **Residencial:** Instalações no telhado de casas, fornecendo eletricidade e reduzindo as contas de serviços públicos.

- **Comercial:** Instalações de maior dimensão em edifícios comerciais, contribuindo para os objectivos de sustentabilidade e para a poupança de custos energéticos.

- **Escala de utilidade pública:** Parques solares que produzem grandes quantidades de eletricidade para a rede.

- **Fora da rede:** Sistemas que fornecem energia em áreas remotas sem acesso à rede eléctrica.

3.2 Energia solar térmica

As tecnologias solares térmicas utilizam a luz solar para gerar calor, que pode ser utilizado diretamente ou convertido em eletricidade. Ao contrário dos sistemas fotovoltaicos, que convertem a luz diretamente em eletricidade, os sistemas solares térmicos aproveitam a energia térmica do sol.

Aquecedores solares de água:

- **Colectores de placa plana:** Absorvem a radiação solar numa superfície plana, aquecendo a água ou um fluido de transferência de calor.

- **Colectores de tubo evacuado:** Consistem em filas paralelas de tubos de vidro, cada uma contendo um vácuo, o que melhora a eficiência ao reduzir a perda de calor.

- **Aplicações:** Sistemas de água quente sanitária, aquecimento de espaços e processos industriais.

Energia Solar Concentrada (CSP): Os sistemas CSP utilizam espelhos ou lentes para concentrar a luz solar numa pequena área, gerando temperaturas elevadas para produzir vapor e acionar turbinas para a produção de eletricidade.

- **Calhas parabólicas:** Utilizam superfícies curvas e reflectoras para fazer incidir a luz solar num tubo recetor cheio de fluido de transferência de calor.

- **Torres de energia solar:** Utilizam um campo de espelhos (helióstatos) para direcionar a luz solar para um recetor central no topo de uma torre.

- **Reflectores Fresnel lineares:** Utilizam espelhos planos dispostos em filas para concentrar a luz solar em receptores elevados.

- **Sistemas de antena/ motor:** Utilizar um prato parabólico para concentrar a luz solar num recetor térmico, accionando um motor Stirling ou outro tipo de motor térmico.

Vantagens da CSP:

- **Elevada eficiência:** Capaz de atingir temperaturas e eficiências mais elevadas em comparação com os sistemas fotovoltaicos.

- **Armazenamento de energia:** Os sistemas de armazenamento de energia térmica, como os tanques de sal fundido, podem armazenar calor para utilização durante períodos nublados ou à noite, aumentando a fiabilidade da rede.

3.3 Tecnologias e tendências emergentes

O campo da energia solar está a evoluir rapidamente, com a investigação e o desenvolvimento contínuos a conduzirem a inovações que melhoram a eficiência, reduzem os custos e expandem as aplicações.

Células solares de perovskite:

- **Elevada eficiência:** Os materiais de perovskite demonstraram rápidas melhorias na eficiência, atingindo níveis comparáveis aos das células de silício tradicionais.

- **Baixos custos de produção:** Potencial para processos de fabrico mais baratos devido a técnicas de produção baseadas em soluções.

- **Flexibilidade:** Pode ser utilizado em aplicações flexíveis e leves.

Energia fotovoltaica integrada em edifícios (BIPV):

- **Integração estética:** Materiais fotovoltaicos integrados em componentes de edifícios como janelas, fachadas e telhados.

- **Dupla funcionalidade:** Proporciona tanto a produção de energia como funções tradicionais de construção (por exemplo, proteção contra as intempéries, isolamento).

Parques solares flutuantes:

- **Eficiência espacial:** Sistemas fotovoltaicos instalados em massas de água, conservando os recursos terrestres.

- **Efeito de arrefecimento:** A água arrefece os painéis fotovoltaicos, melhorando a eficiência e reduzindo a degradação térmica.

- **Aplicações:** Adequado para reservatórios, lagos e outras massas de água.

Reciclagem de painéis solares:

- **Sustentabilidade:** Desenvolvimento de métodos para reciclar painéis fotovoltaicos e recuperar materiais valiosos, reduzindo o impacto ambiental e apoiando uma economia circular.

- **Gestão do fim de vida útil:** Abordar a eliminação de painéis fotovoltaicos para evitar resíduos e contaminação ambiental.

3.4 Desafios e soluções

Embora a energia solar ofereça numerosos benefícios, é necessário enfrentar vários desafios para garantir a sua adoção generalizada e a sua integração na rede energética.

Intermitência:

- **Questão:** A produção de energia solar é variável e depende das condições climatéricas e das horas de luz do dia.

- **Soluções:** Os sistemas de armazenamento de energia (por exemplo, baterias, armazenamento térmico) e as estratégias de gestão da rede (por exemplo, resposta à procura, redes inteligentes) podem atenuar a intermitência.

Custos iniciais:

- **Questão:** Os elevados custos iniciais das instalações fotovoltaicas e dos sistemas CSP podem constituir uma barreira para alguns utilizadores.

- **Soluções:** Incentivos financeiros (por exemplo, créditos fiscais, descontos), modelos de financiamento de terceiros (por exemplo, leasing solar, contratos de aquisição de energia) e custos tecnológicos em declínio.

Utilização do solo:

- **Questão:** As instalações solares em grande escala requerem áreas de terreno significativas, que podem competir com outras utilizações do solo.

- **Soluções:** Utilização de terras marginais (por exemplo, desertos, zonas industriais abandonadas), sistemas de dupla utilização (por exemplo, agrovoltaicos) e parques solares flutuantes.

Impacto ambiental:

- **Questão:** O fabrico e a eliminação de painéis solares podem ter impactos ambientais, incluindo a utilização de materiais tóxicos.

- **Soluções:** Desenvolvimento de processos de fabrico sustentáveis, melhoria da eficiência dos painéis para reduzir a utilização de materiais e implementação de programas de reciclagem.

3.5 Estudos de caso

Estudo de caso 1: Sucesso solar na Alemanha A Alemanha tem sido um líder global na adoção da energia solar, impulsionada por fortes políticas e incentivos governamentais. O sistema de tarifas feed-in do país, que garante um pagamento fixo para a produção de energia renovável, estimulou um investimento significativo em instalações solares fotovoltaicas. Como resultado, a Alemanha tem uma das maiores capacidades solares do mundo, contribuindo para a sua transição energética e objectivos climáticos.

Estudo de caso 2: Energia solar na Índia A Índia expandiu rapidamente a sua capacidade de produção de energia solar nos últimos anos, com o objetivo de satisfazer a sua crescente procura de energia e reduzir a dependência dos combustíveis fósseis. A Missão Solar Nacional Jawaharlal Nehru estabeleceu objectivos ambiciosos para a capacidade solar, conduzindo a projectos solares de grande escala e ao desenvolvimento de parques solares. O Projeto de Energia Solar de Rewa, em Madhya Pradesh, é uma das maiores centrais de energia solar da Índia, fornecendo energia limpa e a preços acessíveis a milhões de pessoas.

Estudo de caso 3: CSP em Espanha A Espanha tem sido pioneira na energia solar concentrada, com várias centrais CSP de grande escala a demonstrarem o potencial da tecnologia. A central Gemasolar, por exemplo, utiliza uma torre de energia solar com armazenamento de sal fundido, permitindo a produção contínua de eletricidade mesmo após o pôr do sol. A experiência de Espanha com a CSP realça a importância da inovação e das políticas de apoio para o avanço das tecnologias solares térmicas.

3.6 Conclusão

A energia solar é uma pedra angular da transição para as energias renováveis, oferecendo uma fonte de energia sustentável, abundante e versátil. Os avanços nas tecnologias fotovoltaica e solar térmica, juntamente com políticas de apoio e soluções inovadoras, estão a impulsionar o crescimento da energia solar em todo o mundo. Ao enfrentar desafios como a intermitência, os custos iniciais e o impacto ambiental, o potencial da energia solar pode ser plenamente realizado, contribuindo para um futuro energético mais limpo e sustentável. O próximo capítulo explorará a energia eólica, outra componente crucial do panorama das energias renováveis.

Capítulo 4: Energia eólica

A energia eólica aproveita a energia cinética do vento para gerar eletricidade. Sendo uma das fontes de energia renovável de crescimento mais rápido, a energia eólica oferece uma alternativa limpa, sustentável e cada vez mais competitiva em termos de custos aos combustíveis fósseis. Este capítulo analisa os princípios, as tecnologias, os avanços e os desafios associados à energia eólica.

4.1 Fundamentos da energia eólica

A energia eólica é derivada do movimento do ar causado pelas diferenças de pressão atmosférica. Estas diferenças de pressão resultam do aquecimento desigual da superfície da Terra pelo sol. As turbinas eólicas captam esta energia cinética e convertem-na em energia mecânica, que é depois transformada em eletricidade.

Princípios da conversão de energia eólica:

- **Energia cinética:** As turbinas eólicas convertem a energia cinética do ar em movimento em energia mecânica.

- **Energia mecânica para energia eléctrica:** A energia mecânica acciona um gerador para produzir eletricidade.

Componentes principais das turbinas eólicas:

- **Lâminas de rotor:** Captam a energia eólica e convertem-na em movimento de rotação. As turbinas modernas têm normalmente três pás.

- **Cubo:** Liga as pás do rotor ao veio principal.

- **Nacelle:** Aloja a caixa de velocidades, o gerador e outros componentes. Posicionada no topo da torre.

- **Torre:** Suporta a nacela e as pás do rotor. As torres podem ser de aço tubular, de treliça ou de betão.

- **Fundação:** Fixa a turbina ao solo, garantindo a sua estabilidade.

Tipos de turbinas eólicas:

- **Turbinas eólicas de eixo horizontal (HAWTs):** O tipo mais comum, com pás que giram em torno de um eixo horizontal. Estas turbinas estão normalmente a favor do vento (as pás estão viradas para o vento).

- **Turbinas eólicas de eixo vertical (VAWTs):** Menos comuns, com pás que giram em torno de um eixo vertical. Podem captar vento de qualquer direção e são frequentemente utilizadas em ambientes urbanos.

4.2 Energia eólica onshore e offshore

A energia eólica pode ser aproveitada tanto em terra (terrestre) como em alto mar (marítima). Cada abordagem tem as suas vantagens, desafios e aplicações únicas.

Energia eólica em terra:

- **Vantagens:** Custos de instalação e manutenção mais baixos, integração mais fácil na rede e prazos de desenvolvimento mais curtos.

- **Desafios:** Impacto visual e sonoro, conflitos de utilização dos solos e velocidades do vento variáveis.

- **Aplicações:** Parques eólicos, projectos comunitários e instalações de pequena escala para casas e empresas.

Energia eólica offshore:

- **Vantagens:** Velocidades do vento mais elevadas e mais consistentes, turbinas maiores, menor impacto visual e sonoro e potencial para uma produção significativa de energia.

- **Desafios:** Custos de instalação e manutenção mais elevados, integração complexa na rede e considerações ambientais.

- **Aplicações:** Parques eólicos de grande dimensão situados em águas pouco profundas (turbinas de fundo fixo) ou em águas mais profundas (turbinas flutuantes).

Inovações tecnológicas:

- **Turbinas maiores:** Os avanços na tecnologia das turbinas conduziram a diâmetros de rotor maiores e a alturas de cubo mais elevadas, aumentando a captação de energia.

- **Turbinas eólicas flutuantes:** Estas são concebidas para serem instaladas em águas profundas, onde as estruturas de fundo fixo são impraticáveis. As turbinas flutuantes são ancoradas ao fundo do mar através de cabos de amarração.

- **Materiais avançados:** Utilização de materiais mais leves e mais resistentes nas pás e torres para melhorar o desempenho e reduzir os custos.

4.3 Avaliação do recurso eólico

Uma avaliação precisa dos recursos eólicos é fundamental para o desenvolvimento bem sucedido de projectos de energia eólica. Envolve a medição e análise da velocidade, direção e variabilidade do vento para identificar locais adequados para turbinas eólicas.

Ferramentas de medição do vento:

- **Anemómetros:** Medir a velocidade do vento a várias alturas.

- **Palhetas de vento:** Medir a direção do vento.

- **LIDAR e SODAR:** Tecnologias de deteção remota que fornecem perfis de vento pormenorizados a diferentes altitudes.

Critérios de seleção do local:

- **Velocidade e consistência do vento:** Os locais com velocidades de vento elevadas e consistentes são preferidos para maximizar a produção de energia.

- **Disponibilidade de terrenos:** Área de terreno suficiente para a instalação e manutenção das turbinas.

- **Proximidade da rede eléctrica:** Perto das redes eléctricas existentes para minimizar os custos de transmissão.

- **Impacto ambiental e social:** Consideração dos habitats da vida selvagem, níveis de ruído, impacto visual e aceitação pela comunidade.

Mapas e software de recursos eólicos:

- **Mapas eólicos globais e regionais:** Fornecem uma visão geral dos recursos eólicos em diferentes áreas.

- **Software de simulação:** Ferramentas como WindPRO, WAsP e RETScreen ajudam a modelar o desempenho dos parques eólicos, a prever a produção de energia e a avaliar a viabilidade económica.

4.4 Benefícios económicos e ambientais

A energia eólica oferece benefícios económicos e ambientais significativos, contribuindo para o desenvolvimento sustentável e para a luta contra as alterações climáticas.

Benefícios económicos:

- **Criação de emprego:** A indústria eólica gera oportunidades de emprego no fabrico, instalação, manutenção e serviços de apoio.

- **Independência energética:** Reduz a dependência de combustíveis fósseis importados, aumentando a segurança energética.

- **Competitividade de custos:** Os avanços tecnológicos e as economias de escala tornaram a energia eólica uma das fontes de eletricidade mais rentáveis.

Benefícios ambientais:

- **Baixas emissões:** A energia eólica não produz emissões de gases com efeito de estufa durante o funcionamento, reduzindo significativamente as pegadas de carbono.

- **Utilização mínima de água:** Ao contrário das centrais térmicas, as turbinas eólicas não necessitam de água para arrefecimento, conservando os recursos hídricos.

- **Proteção da biodiversidade:** A localização correcta e as medidas de atenuação podem minimizar os impactos na vida selvagem e nos ecossistemas.

4.5 Desafios e soluções

Embora a energia eólica apresente numerosos benefícios, é necessário enfrentar vários desafios para otimizar o seu potencial.

Intermitência e integração na rede:

- **Desafio:** A energia eólica é variável e pode nem sempre corresponder à procura.

- **Soluções:** Sistemas de armazenamento de energia (baterias, centrais hidroeléctricas por bombagem), modernização da rede, estratégias de resposta à procura e sistemas híbridos de energias renováveis (por exemplo, eólico-solar).

Utilização dos solos e aceitação pela comunidade:

- **Desafios:** Conflitos de utilização dos terrenos, impactos visuais e sonoros e oposição da comunidade.

- **Soluções:** Envolvimento da comunidade, compensação justa, co-benefícios (por exemplo, desenvolvimento económico local) e concepções inovadoras das turbinas (por exemplo, pás mais silenciosas).

Impacto ambiental:

- **Desafio:** Potenciais impactos nas aves, morcegos e vida marinha (para turbinas offshore).

- **Soluções:** Avaliações de impacto ambiental, estratégias de gestão adaptativa, projectos de turbinas favoráveis à vida selvagem e esforços contínuos de monitorização e atenuação.

Cadeia de abastecimento e disponibilidade de recursos:

- **Desafio:** Garantir uma cadeia de abastecimento estável para materiais e componentes.

- **Soluções:** Diversificação das fontes de abastecimento, investimento em tecnologias de reciclagem e planeamento estratégico da utilização de matérias-primas.

4.6 Estudos de caso

Estudo de caso 1: Liderança dinamarquesa em energia eólica A Dinamarca é um líder mundial em energia eólica, com a energia eólica a contribuir significativamente para o seu fornecimento de eletricidade. O sucesso do país é atribuído a um forte apoio governamental, a empresas inovadoras e ao envolvimento da comunidade. O empenhamento da Dinamarca na energia eólica impulsionou os avanços tecnológicos e posicionou o país como exportador de tecnologia e experiência eólica.

Estudo de caso 2: Eólica offshore no Reino Unido O Reino Unido efectuou investimentos substanciais na energia eólica offshore, tirando partido dos seus recursos eólicos favoráveis e das suas águas pouco profundas. Projectos como o parque eólico de Hornsea estão entre os maiores parques eólicos offshore do mundo, fornecendo uma capacidade significativa de energia limpa. A estratégia de energia eólica offshore do Reino Unido dá ênfase à inovação, à redução de custos e ao crescimento económico, criando um sector eólico offshore robusto e sustentável.

Estudo de caso 3: Projectos eólicos comunitários nos Estados Unidos Os projectos eólicos comunitários nos EUA permitem que as comunidades locais invistam na energia eólica e beneficiem dela. Estes projectos envolvem frequentemente modelos de propriedade cooperativa, em que os membros da comunidade têm um interesse no sucesso do parque eólico. Exemplos como os projectos MinWind no Minnesota demonstram o potencial das iniciativas comunitárias no domínio das energias renováveis para promover o desenvolvimento económico local e a independência energética.

4.7 Perspectivas futuras

O futuro da energia eólica é promissor, com os avanços contínuos da tecnologia, o apoio político e o crescimento do mercado a impulsionar a sua expansão.

Inovações tecnológicas:

- **Turbinas eólicas inteligentes:** Equipadas com sensores e análises de dados para otimizar o desempenho e a manutenção.

- **Sistemas híbridos:** Combinação da energia eólica com outras fontes renováveis (por exemplo, solar, produção de hidrogénio) para aumentar a fiabilidade e a eficiência.

- **Repotencialização:** Atualização de turbinas eólicas antigas com modelos mais recentes e mais eficientes para aumentar a produção de energia.

Tendências políticas e de mercado:

- **Políticas de apoio:** Continuação dos incentivos governamentais, objectivos em matéria de energias renováveis e mecanismos de fixação de preços do carbono.

- **Compras empresariais de energia renovável:** Procura crescente por parte das empresas que procuram atingir os objectivos de sustentabilidade através da aquisição de energia renovável.

- **Colaboração internacional:** Cooperação global para partilhar as melhores práticas, investigação e esforços de desenvolvimento.

Integração ambiental e social:

- **Proteção da vida selvagem:** Avanço da investigação e das tecnologias para atenuar os impactos na vida selvagem.

- **Envolvimento da comunidade:** Reforçar a participação da comunidade e os benefícios dos projectos de energia eólica.

- **Práticas de sustentabilidade:** Realçar o fabrico sustentável, a implantação e a gestão do fim de vida das turbinas eólicas.

4.8 Conclusão

A energia eólica é um componente vital da transição global para as energias renováveis, oferecendo uma solução limpa, sustentável e economicamente viável para as nossas necessidades energéticas. Através da inovação tecnológica, de políticas de apoio e de um envolvimento próativo com as comunidades e as partes interessadas, os desafios associados à energia eólica podem ser resolvidos, abrindo caminho para um futuro alimentado por energia eólica limpa e renovável. O próximo capítulo explorará a energia hidroelétrica, outra fonte significativa de energia renovável, examinando os seus princípios, aplicações e impacto.

<h1 style="text-align:center">Capítulo 5: Energia hidroelétrica</h1>

A energia hidroelétrica é uma das formas mais antigas e mais utilizadas de energia renovável, aproveitando a energia da água corrente para gerar eletricidade. Este capítulo explora os fundamentos, as tecnologias, os benefícios, os desafios e as perspectivas futuras da energia hidroelétrica, destacando o seu papel no cabaz energético global.

5.1 Fundamentos da energia hidroelétrica

A energia hidroelétrica converte a energia cinética e potencial da água em energia mecânica, que é depois transformada em energia eléctrica. O processo de conversão de energia envolve normalmente uma barragem ou outra estrutura de desvio de água para controlar o fluxo de água e dirigi-lo através de turbinas.

Componentes-chave dos sistemas hidroeléctricos:

- **Reservatório:** Armazena água, fornecendo um fluxo consistente para a produção de eletricidade.

- **Barragem:** Aumenta o nível da água, criando um reservatório e aumentando a pressão da água.

- **Tomada:** Controla o fluxo de água para a comporta.

- **Conduta forçada:** Uma conduta que conduz a água do reservatório para as turbinas.

- **Turbina:** Converte a energia cinética da água corrente em energia mecânica.

- **Gerador:** Converte a energia mecânica da turbina em energia eléctrica.

- **Transformador:** Aumenta a tensão da eletricidade produzida para transmissão.

Tipos de centrais hidroeléctricas:

- **A fio de água:** Gera eletricidade a partir do fluxo natural do rio sem alterar significativamente o seu caudal. Capacidade de armazenamento limitada.

- **Reservatório (Armazenamento):** Utiliza uma barragem e um reservatório para armazenar água, proporcionando um maior controlo sobre o fluxo de água e a produção de eletricidade.

- **Armazenamento por bombagem:** Utiliza eletricidade fora das horas de ponta para bombear água de um reservatório inferior para um reservatório superior, que pode depois ser libertada para produzir eletricidade durante a procura máxima.

5.2 Energia hidroelétrica em grande escala

Os projectos hidroeléctricos de grande escala, frequentemente designados por energia hidroelétrica convencional, envolvem infra-estruturas substanciais e produzem quantidades significativas de eletricidade.

Vantagens da energia hidroelétrica em grande escala:

- **Fiável e consistente:** Fornece uma fonte estável e contínua de eletricidade.

- **Armazenamento de energia:** Os reservatórios podem armazenar grandes quantidades de água, permitindo uma produção flexível de energia.

- **Baixos custos operacionais:** Uma vez construídas, as centrais hidroeléctricas têm baixos custos de manutenção e de funcionamento.

Desafios da energia hidroelétrica em grande escala:

- **Impacto ambiental:** O represamento de rios pode perturbar os ecossistemas, afetar a migração dos peixes e alterar a qualidade da água.

- **Impacto social:** Os grandes projectos podem exigir a deslocação de comunidades e alterações na utilização dos solos.

- **Custos iniciais elevados:** É necessário um investimento de capital significativo para a construção e o desenvolvimento de infra-estruturas.

Estudo de caso: Barragem das Três Gargantas, China A Barragem das Três Gargantas, no rio Yangtze, é o maior projeto hidroelétrico do mundo em termos de capacidade instalada. Gera aproximadamente 22.500

megawatts de eletricidade, fornecendo energia a milhões de pessoas. Apesar dos seus benefícios, o projeto tem sido alvo de críticas devido aos seus impactos ambientais e sociais, incluindo a deslocação de mais de um milhão de pessoas e alterações no ecossistema do rio.

5.3 Energia hidroelétrica de pequena escala

Os projectos hidroeléctricos de pequena escala, também conhecidos como micro-hídricos ou mini-hídricos, têm normalmente uma capacidade inferior a 10 megawatts. Estes projectos oferecem uma abordagem à energia hidroelétrica mais respeitadora do ambiente e orientada para a comunidade.

Vantagens da energia hidroelétrica de pequena escala:

- **Menor impacto ambiental:** Alteração mínima do fluxo natural da água e dos ecossistemas.

- **Benefícios locais:** Apoia a eletrificação rural e fornece energia a comunidades remotas.

- **Escalabilidade:** Pode ser implementado em pequenos cursos de água ou rios com caudais mais baixos.

Desafios da energia hidroelétrica de pequena escala:

- **Específico do local:** Requer condições geográficas adequadas, tais como um caudal de água constante e uma altura suficiente.

- **Capacidade limitada:** Gera menos eletricidade do que os projectos de grande escala, limitando a sua contribuição para a rede energética global.

Estudo de caso: Pico Hydro no Nepal Os projectos de Pico Hydro, com capacidades inferiores a 5 kilowatts, são populares no Nepal, fornecendo eletricidade a aldeias remotas. Estes pequenos sistemas utilizam fontes de água locais para gerar energia para iluminação, carregamento de telemóveis e alimentação de pequenos aparelhos, melhorando significativamente a qualidade de vida das comunidades rurais.

5.4 Inovações no domínio da energia hidroelétrica

Os avanços tecnológicos e as abordagens inovadoras estão a melhorar a eficiência, a sustentabilidade e a aplicação da energia hidroelétrica.

Turbinas amigáveis aos peixes: Os novos projectos de turbinas têm como objetivo minimizar os danos causados aos peixes e a outros seres aquáticos, abordando uma das principais preocupações ambientais associadas à energia hidroelétrica. Estas turbinas apresentam velocidades de rotação mais lentas e bordos das pás mais suaves para reduzir o risco de ferimentos.

Hidroelétrica flutuante: Os sistemas hidroeléctricos flutuantes são instalados em reservatórios ou massas de água existentes, utilizando plataformas flutuantes para suportar as turbinas. Esta abordagem minimiza a utilização do solo e pode ser combinada com painéis solares flutuantes para sistemas híbridos de energias renováveis.

Modernização das centrais hidroeléctricas: A atualização e o reequipamento das centrais hidroeléctricas existentes com tecnologia moderna podem melhorar a eficiência, aumentar a capacidade e melhorar o desempenho ambiental. Os exemplos incluem a instalação de turbinas mais eficientes, a atualização dos sistemas de controlo e a implementação de tecnologias de monitorização avançadas.

5.5 Considerações ambientais e sociais

Embora a energia hidroelétrica ofereça numerosos benefícios, é essencial abordar os seus impactos ambientais e sociais para garantir um desenvolvimento sustentável.

Impacto ambiental:

- **Perturbação do ecossistema:** As barragens podem alterar os ecossistemas fluviais, afectando a migração dos peixes, o transporte de sedimentos e a qualidade da água.

- **Emissões de gases com efeito de estufa:** Embora a energia hidroelétrica seja de baixa emissão, as albufeiras podem emitir metano, um potente gás com efeito de estufa, devido à decomposição da matéria orgânica.

Estratégias de atenuação:

- **Passagens para peixes:** Estruturas como escadas de peixe e elevadores ajudam os peixes a navegar à volta das barragens, apoiando a migração e a reprodução.

- **Gestão de sedimentos:** Técnicas como os túneis de derivação de sedimentos e a dragagem mantêm o fluxo natural de sedimentos e evitam o assoreamento das albufeiras.

- **Libertação de caudais ambientais:** A gestão das descargas de água para imitar os regimes de caudal naturais apoia os ecossistemas e habitats a jusante.

Impacto social:

- **Deslocação:** Os projectos de grande escala podem deslocar comunidades, levando à perda de casas, meios de subsistência e património cultural.

- **Envolvimento da comunidade:** A participação das comunidades locais nos processos de planeamento e de tomada de decisões garante que as suas necessidades e preocupações sejam tidas em conta.

Melhores práticas:

- **Planeamento inclusivo:** Envolver as partes interessadas, incluindo as comunidades locais, grupos ambientais e agências governamentais, no planeamento e implementação do projeto.

- **Indemnização e reinstalação:** Proporcionar uma indemnização justa e opções de reinstalação para as comunidades deslocadas, garantindo o seu bem-estar e meios de subsistência.

- **Objectivos de Desenvolvimento Sustentável (ODS):** Alinhar os projectos hidroeléctricos com os ODS para promover o desenvolvimento sustentável e inclusivo.

5.6 Energia hidroelétrica e alterações climáticas

A energia hidroelétrica desempenha um papel crucial na atenuação das alterações climáticas, proporcionando uma fonte de energia com baixo teor de carbono. No entanto, as alterações climáticas também colocam desafios ao sector hidroelétrico.

Mitigação das alterações climáticas:

- **Fonte de energia renovável:** A energia hidroelétrica gera eletricidade sem queimar combustíveis fósseis, reduzindo as emissões de gases com efeito de estufa.

- **Armazenamento de energia:** Os reservatórios e os sistemas de armazenamento por bombagem fornecem armazenamento de energia, apoiando a integração de fontes de energia renováveis variáveis, como a eólica e a solar.

Adaptação às alterações climáticas:

- **Disponibilidade de água:** As alterações nos padrões de precipitação e o degelo dos glaciares podem afetar a disponibilidade de água para a produção de energia hidroelétrica.

- **Eventos climáticos extremos:** O aumento da frequência e intensidade de fenómenos meteorológicos extremos, como inundações e secas, pode afetar as infra-estruturas e operações hidroeléctricas.

Estratégias de adaptação:

- **Funcionamento flexível:** Implementar estratégias de funcionamento flexíveis para se adaptar à disponibilidade e procura de água em constante mudança.

- **Resiliência das infra-estruturas:** Conceção e modernização de infra-estruturas para resistir a fenómenos meteorológicos extremos e à alteração das condições hidrológicas.

- **Gestão Integrada dos Recursos Hídricos (GIRH):** Coordenar a gestão dos recursos hídricos para equilibrar a produção de energia hidroelétrica com outras utilizações da água, como a agricultura, a água potável e a proteção dos ecossistemas.

5.7 Perspectivas futuras

O futuro da energia hidroelétrica é moldado pelos avanços tecnológicos, pelo apoio político e pelos esforços globais de transição para sistemas energéticos sustentáveis.

Inovações tecnológicas:

- **Turbinas avançadas:** Desenvolvimento de projectos de turbinas mais eficientes e respeitadores do ambiente.

- **Digitalização:** Utilizar a análise de dados, a inteligência artificial e a monitorização em tempo real para otimizar as operações e a manutenção das centrais hidroeléctricas.

- **Sistemas híbridos:** Integração da energia hidroelétrica com outras fontes de energia renováveis, como a solar e a eólica, para aumentar a fiabilidade e a eficiência.

Tendências políticas e de mercado:

- **Políticas de apoio:** Incentivos governamentais, quadros regulamentares e cooperação internacional para promover o desenvolvimento sustentável da energia hidroelétrica.

- **Investimento do sector privado:** Aumentar o investimento de empresas privadas e instituições financeiras em projectos hidroeléctricos.

- **Cooperação global:** Colaboração internacional para partilhar as melhores práticas, investigação e esforços de desenvolvimento, especialmente nos países em desenvolvimento.

Integração ambiental e social:

- **Práticas sustentáveis:** Dar ênfase aos princípios do desenvolvimento sustentável no planeamento e na implementação da energia hidroelétrica.

- **Benefícios para a comunidade:** Garantir que as comunidades locais beneficiem dos projectos hidroeléctricos através da melhoria das infra-estruturas, dos serviços sociais e das oportunidades económicas.

- **Conservação da Biodiversidade:** Dar prioridade à conservação da biodiversidade e à proteção dos ecossistemas no desenvolvimento da energia hidroelétrica.

5.8 Conclusão

A energia hidroelétrica é uma pedra angular do panorama global das energias renováveis, oferecendo eletricidade fiável e com baixo teor de carbono e um potencial significativo para o desenvolvimento sustentável. Ao enfrentar os desafios ambientais e sociais, abraçar as inovações tecnológicas e promover práticas inclusivas e resilientes, a energia hidroelétrica pode continuar a desempenhar um papel vital na transição para um futuro energético sustentável. O próximo capítulo explorará a energia geotérmica, examinando os seus princípios, aplicações e potencial no conjunto das energias renováveis.

Capítulo 6: Energia geotérmica

A energia geotérmica aproveita o calor do interior da Terra para gerar eletricidade e fornecer aquecimento direto. Este capítulo explora os fundamentos, tecnologias, aplicações, benefícios e desafios da energia geotérmica, destacando o seu potencial como uma fonte sustentável e fiável de energia renovável.

6.1 Fundamentos da energia geotérmica

A energia geotérmica é derivada do calor natural da Terra, que tem origem na formação do planeta, na decomposição radioactiva dos minerais e nos processos geológicos em curso. Este calor pode ser acedido através da exploração de reservatórios de água quente e vapor localizados abaixo da superfície da Terra.

Gradiente geotérmico:

- **Definição:** A taxa a que a temperatura da Terra aumenta com a profundidade. Em média, a temperatura aumenta cerca de 25-30°C por quilómetro de profundidade.

- **Importância:** As áreas com gradientes geotérmicos mais elevados são mais adequadas para a extração de energia geotérmica.

Reservatórios geotérmicos:

- **Tipos:** Hidrotermal (água ou vapor), rocha seca quente (HDR) e sistemas geotérmicos melhorados (EGS).

  - **Hidrotermal:** Reservatórios de água quente e vapor que ocorrem naturalmente.

  - **Rocha seca e quente (HDR):** Formações rochosas subterrâneas quentes mas secas.

  - **Sistemas geotérmicos melhorados (EGS):** Reservatórios criados artificialmente através da injeção de água em formações rochosas quentes e secas para produzir vapor.

Fontes de calor:

- **Magma:** Rocha fundida sob a crosta terrestre.

- **Decaimento radioativo:** Decaimento de isótopos radioactivos no manto e na crusta da Terra.

- **Calor residual:** Calor remanescente da formação da Terra.

6.2 Tecnologias de energia geotérmica

A energia geotérmica pode ser utilizada para a produção de eletricidade, aquecimento direto e bombas de calor. Cada aplicação envolve diferentes tecnologias e abordagens.

Centrais geotérmicas:

- **Centrais de vapor seco:** Utilizam vapor extraído diretamente dos reservatórios geotérmicos para acionar turbinas e gerar eletricidade.

- **Centrais de vapor flash:** Extraem água quente a alta pressão dos reservatórios geotérmicos, que se transforma em vapor para acionar turbinas. A água restante é injetada de novo no reservatório.

- **Fábricas de ciclo binário:** Utilizam um fluido secundário com um ponto de ebulição inferior ao da água. A água geotérmica aquece o fluido secundário, que vaporiza e acciona uma turbina. A água geotérmica é então re-injetada no reservatório.

Aplicações de utilização direta:

- **Sistemas de aquecimento urbano:** Fornecem aquecimento para edifícios residenciais, comerciais e industriais, distribuindo água quente de fontes geotérmicas através de uma rede de tubagens.

- **Agricultura:** O calor geotérmico é utilizado para aquecimento de estufas, aquecimento do solo e aquacultura.

- **Processos industriais:** O calor geotérmico pode ser utilizado em processos como a secagem, a pasteurização e a extração de minerais.

Bombas de calor geotérmicas:

- **Bombas de calor de origem subterrânea (GSHP):** Transferem calor entre o solo e os edifícios para aquecimento e arrefecimento. Os sistemas GSHP são constituídos por uma bomba de calor, um permutador de calor no solo e um sistema de distribuição.

- **Sistemas de circuito fechado:** Fazem circular um fluido através de um circuito fechado de tubos enterrados no solo.

- **Sistemas de circuito aberto:** Utilizam a água subterrânea de um poço como fluido de permuta de calor, que é depois descarregado.

6.3 Avaliação dos recursos geotérmicos

A avaliação exacta dos recursos geotérmicos é crucial para o sucesso do desenvolvimento de um projeto. Envolve estudos geológicos, geofísicos e geoquímicos para identificar e avaliar potenciais reservatórios geotérmicos.

Estudos Geológicos:

- **Cartografia:** Identificação de características geológicas como falhas, fracturas e fontes termais que indicam atividade geotérmica.

- **Propriedades das rochas:** Analisar a condutividade térmica, a porosidade e a permeabilidade das rochas para determinar a sua aptidão para a extração de energia geotérmica.

Levantamentos geofísicos:

- **Métodos sísmicos:** Medição da propagação de ondas sísmicas para obter imagens das estruturas do subsolo.

- **Levantamentos Magnetotelúricos (MT):** Medição das variações naturais dos campos magnéticos e eléctricos da Terra para detetar reservatórios geotérmicos subterrâneos.

- **Levantamentos gravimétricos:** Medição de variações no campo gravitacional da Terra para inferir alterações de densidade no subsolo relacionadas com reservatórios geotérmicos.

Análise geoquímica:

- **Amostragem de fluidos:** Analisar a composição química dos fluidos geotérmicos para compreender as características dos reservatórios.

- **Análise de isótopos:** Utilização de rácios isotópicos para determinar a origem e a história dos fluidos geotérmicos.

Poços com gradiente de temperatura:

- **Perfuração:** Perfuração de poços pouco profundos para medir gradientes de temperatura e identificar áreas com elevado potencial geotérmico.

6.4 Benefícios económicos e ambientais

A energia geotérmica oferece numerosos benefícios económicos e ambientais, o que a torna uma opção atraente para o desenvolvimento sustentável.

Benefícios económicos:

- **Energia de base:** Fornece uma fonte estável e fiável de eletricidade, reduzindo a dependência dos combustíveis fósseis.

- **Criação de emprego:** Gera oportunidades de emprego na exploração, perfuração, operação e manutenção de instalações.

- **Desenvolvimento económico local:** Apoia as economias locais através do fornecimento de energia sustentável e a preços acessíveis.

Benefícios ambientais:

- **Baixas emissões:** As centrais geotérmicas emitem muito menos gases com efeito de estufa do que as centrais alimentadas a combustíveis fósseis.

- **Pegada ecológica reduzida:** As centrais geotérmicas requerem menos terreno do que os parques solares e eólicos.

- **Recurso sustentável:** Os reservatórios geotérmicos geridos corretamente podem fornecer um abastecimento contínuo de energia durante décadas.

6.5 Desafios e soluções

Apesar dos seus benefícios, a energia geotérmica enfrenta vários desafios que têm de ser resolvidos para otimizar o seu potencial.

Localização e exploração de recursos:

- **Desafio:** A identificação de reservatórios geotérmicos adequados pode ser complexa e dispendiosa.

- **Solução:** Os avanços nas técnicas geofísicas e geoquímicas, combinados com a análise de dados e a aprendizagem automática, podem melhorar a eficiência da exploração.

Custos de perfuração:

- **Desafio:** Elevados custos associados à perfuração e conclusão de poços.

- **Solução:** As inovações na tecnologia de perfuração, tais como métodos de perfuração mais rápidos e mais eficientes, podem reduzir os custos.

Gestão de reservatórios:

- **Desafio:** Manter a pressão e a temperatura do reservatório ao longo do tempo.

- **Solução:** A reinjecção de fluidos geotérmicos, as estratégias de gestão adaptativa e a monitorização podem melhorar a sustentabilidade dos reservatórios.

Preocupações ambientais:

- **Desafio:** Potencial para sismicidade induzida e afundamento de terras.

- **Solução:** Implementação das melhores práticas para a gestão de reservatórios, monitorização sísmica e mitigação de riscos.

6.6 Estudos de caso

Estudo de caso 1: The Geysers, Califórnia, EUA The Geysers é o maior campo geotérmico do mundo, com uma capacidade de mais de 1.500 megawatts. Localizado no norte da Califórnia, está em funcionamento desde a década de 1960. O campo utiliza as tecnologias de vapor seco e vapor flash. The Geysers tem enfrentado desafios como o declínio da pressão do reservatório, que tem sido resolvido através da injeção de águas residuais para manter a produção de vapor.

Estudo de caso 2: Utilização da energia geotérmica na Islândia A Islândia é um líder mundial na utilização da energia geotérmica, com mais de 90% das suas casas aquecidas por sistemas geotérmicos de aquecimento urbano. O país também produz cerca de 25% da sua eletricidade a partir de centrais geotérmicas. O sucesso da Islândia é atribuído às suas condições geológicas favoráveis, às políticas de apoio e ao investimento em investigação e desenvolvimento.

Estudo de caso 3: Desenvolvimento geotérmico nas Filipinas As Filipinas são o segundo maior produtor de energia geotérmica do mundo. As centrais geotérmicas do país fornecem cerca de 12% da sua eletricidade. As Filipinas desenvolveram com sucesso os seus recursos geotérmicos através de apoio governamental, parcerias internacionais e investimento em exploração e tecnologia.

6.7 Perspectivas futuras

O futuro da energia geotérmica é promissor, com os avanços contínuos da tecnologia, o apoio político e o crescimento do mercado a impulsionar a sua expansão.

Inovações tecnológicas:

- **Sistemas Geotérmicos Supercríticos:** Exploração de reservatórios mais profundos com fluidos supercríticos, que têm maior conteúdo energético.

- **Sistemas de circuito fechado:** Utilização de sistemas de circuito fechado para aceder ao calor geotérmico sem extração de fluidos, reduzindo o impacto ambiental.

- **Extração direta de lítio:** Integração da energia geotérmica com a extração de lítio de salmouras geotérmicas, fornecendo um recurso valioso para baterias.

Tendências políticas e de mercado:

- **Políticas de apoio:** Continuação dos incentivos governamentais, quadros regulamentares e cooperação internacional para promover o desenvolvimento da energia geotérmica.

- **Compras empresariais de energia renovável:** Procura crescente por parte das empresas que procuram atingir os objectivos de sustentabilidade através da aquisição de energia renovável.

- **Cooperação global:** Colaboração internacional para partilhar as melhores práticas, investigação e esforços de desenvolvimento, especialmente nos países em desenvolvimento.

Integração ambiental e social:

- **Práticas sustentáveis:** Enfatizar os princípios de desenvolvimento sustentável no planeamento e implementação da energia geotérmica.

- **Benefícios para a comunidade:** Assegurar que as comunidades locais beneficiam dos projectos geotérmicos através de melhores infra-estruturas, serviços sociais e oportunidades económicas.

- **Conservação da Biodiversidade:** Dar prioridade à conservação da biodiversidade e à proteção dos ecossistemas no desenvolvimento da energia geotérmica.

6.8 Conclusão

A energia geotérmica é uma componente vital da transição global para as energias renováveis, oferecendo uma fonte de energia e calor sustentável, fiável e com baixas emissões. Ao enfrentar os desafios através de inovações tecnológicas, apoio político e práticas sustentáveis, a energia geotérmica pode desempenhar um papel significativo no futuro panorama energético. O próximo capítulo explorará a energia da biomassa, examinando os seus princípios, aplicações e potencial no conjunto das energias renováveis.

Capítulo 7: Energia da biomassa

A energia da biomassa é derivada de materiais orgânicos, incluindo matéria vegetal e animal. Este capítulo explora os fundamentos, tecnologias, aplicações, benefícios, desafios e perspectivas futuras da energia da biomassa, destacando o seu papel como uma fonte de energia versátil e renovável.

7.1 Fundamentos da energia da biomassa

A energia da biomassa é produzida através da conversão de materiais orgânicos em formas úteis de energia, como o calor, a eletricidade e os biocombustíveis. O processo de aproveitamento da energia da biomassa envolve várias etapas, incluindo a recolha, o processamento e a conversão.

Tipos de biomassa:

- **Madeira e resíduos de madeira:** Inclui resíduos florestais, serradura e aparas de madeira.

- **Resíduos agrícolas:** Inclui resíduos de culturas, tais como palha, cascas e caules.

- **Resíduos animais:** Inclui estrume e outros subprodutos animais.

- **Culturas energéticas:** Culturas especificamente cultivadas para a produção de energia, como a switchgrass, o miscanthus e as algas.

- **Resíduos orgânicos:** Inclui resíduos alimentares, resíduos de quintal e resíduos sólidos urbanos (RSU).

Composição da biomassa:

- **Celulose:** O principal componente das paredes celulares das plantas, proporcionando resistência estrutural.

- **Hemicelulose:** Um hidrato de carbono complexo que se encontra nas paredes celulares das plantas, trabalhando em conjunto com a celulose.

- **Lignina:** Um polímero orgânico complexo que confere rigidez às paredes celulares das plantas e actua como um agente de ligação.

7.2 Tecnologias de conversão da biomassa

A biomassa pode ser convertida em energia através de vários processos, incluindo métodos térmicos, químicos e biológicos. Cada tecnologia de conversão tem as suas próprias vantagens e aplicações.

Conversão térmica:

- **Combustão:** A queima direta de biomassa para produzir calor, que pode ser utilizado para aquecimento ou para gerar eletricidade através de turbinas a vapor.

- **Gaseificação:** A combustão parcial de biomassa num ambiente de baixo teor de oxigénio para produzir gás de síntese (uma mistura de hidrogénio, monóxido de carbono e metano), que pode ser utilizado para a produção de eletricidade ou como matéria-prima para a produção de produtos químicos.

- **Pirólise:** A decomposição térmica da biomassa na ausência de oxigénio, produzindo biochar, bio-óleo e gás de síntese. O bio-óleo pode ser refinado em biocombustíveis, enquanto o biochar pode ser utilizado como corretivo do solo.

Conversão química:

- **Transesterificação:** O processo de conversão de gorduras e óleos em biodiesel através de uma reação química com álcool (normalmente metanol) na presença de um catalisador.

- **Liquefação hidrotérmica:** O processo de conversão de biomassa húmida em biocombustíveis líquidos sob alta pressão e temperatura moderada, imitando a formação natural de combustíveis fósseis.

Conversão biológica:

- **Digestão anaeróbia:** A decomposição microbiana de matéria orgânica na ausência de oxigénio, produzindo biogás (uma mistura de metano e dióxido de carbono) e digerido (um resíduo rico em nutrientes). O biogás pode ser utilizado para a produção de eletricidade ou como combustível para veículos, enquanto o digerido pode ser utilizado como fertilizante.

- **Fermentação:** A conversão microbiana de açúcares e amidos em etanol e outros biocombustíveis. As matérias-primas mais comuns incluem o milho, a cana-de-açúcar e a biomassa celulósica.

7.3 Aplicações da energia da biomassa

A energia da biomassa pode ser utilizada em várias aplicações, incluindo a produção de eletricidade, aquecimento e combustíveis para transportes.

Produção de eletricidade:

- **Centrais eléctricas a biomassa:** Combustão ou gaseificação de biomassa para produzir vapor, que acciona turbinas para gerar eletricidade.

- **Co-combustão:** O processo de queima de biomassa juntamente com carvão em centrais eléctricas a carvão existentes, reduzindo as emissões de gases com efeito de estufa e prolongando a vida útil das centrais a carvão.

Aquecimento:

- **Aquecimento residencial:** Utilização de fogões e caldeiras de biomassa para aquecer as casas e fornecer água quente.

- **Aquecimento urbano:** Sistemas de aquecimento centralizado que distribuem água quente ou vapor gerado a partir da combustão de biomassa a vários edifícios.

Combustíveis para transportes:

- **Biodiesel:** Um substituto renovável do gasóleo produzido a partir de óleos vegetais, gorduras animais ou gorduras alimentares recicladas.

- **Etanol:** Um combustível à base de álcool produzido a partir da fermentação de açúcares e amidos, normalmente misturado com gasolina para criar combustíveis E10 (10% de etanol) ou E85 (85% de etanol).

- **Biocombustíveis avançados:** Combustíveis produzidos a partir de matérias-primas não alimentares, como o etanol celulósico, o biobutanol e o gasóleo renovável.

7.4 Benefícios económicos e ambientais

A energia da biomassa oferece numerosos benefícios económicos e ambientais, contribuindo para a segurança energética, o desenvolvimento rural e a sustentabilidade ambiental.

Benefícios económicos:

- **Segurança energética:** Reduz a dependência de combustíveis fósseis importados, fornecendo uma fonte doméstica de energia renovável.

- **Desenvolvimento rural:** Apoia as economias rurais através da criação de empregos na produção, transformação e conversão de biomassa.

- **Gestão de resíduos:** Proporciona uma utilização valiosa para resíduos agrícolas, subprodutos florestais e resíduos orgânicos, reduzindo a utilização de aterros e os custos associados.

Benefícios ambientais:

- **Neutralidade de carbono:** A energia da biomassa é considerada neutra em termos de carbono porque o dióxido de carbono libertado durante a combustão é compensado pelo dióxido de carbono absorvido durante o crescimento da matéria-prima da biomassa.

- **Redução das emissões de gases com efeito de estufa:** A energia da biomassa pode ajudar a reduzir as emissões de gases com efeito de estufa em comparação com os combustíveis fósseis, especialmente quando se utilizam resíduos e matérias-primas sustentáveis.

- **Saúde do solo:** A utilização de biochar como corretivo do solo pode melhorar a fertilidade do solo, a retenção de água e o sequestro de carbono.

7.5 Desafios e soluções

Apesar dos seus benefícios, a energia da biomassa enfrenta vários desafios que têm de ser resolvidos para otimizar o seu potencial.

Disponibilidade e sustentabilidade das matérias-primas:

- **Desafio:** Garantir um fornecimento fiável e sustentável de matéria-prima de biomassa sem competir com a produção alimentar ou provocar desflorestação.

- **Solução:** Promover práticas agrícolas e florestais sustentáveis, desenvolver culturas energéticas que não concorram com as culturas alimentares e utilizar resíduos e detritos.

Barreiras tecnológicas e económicas:

- **Desafio:** Custos elevados e limitações tecnológicas associadas às tecnologias de conversão da biomassa.

- **Solução:** Investir em investigação e desenvolvimento para melhorar a eficiência da conversão, reduzir os custos e aumentar a produção de biocombustíveis avançados.

Impacto ambiental:

- **Desafio:** Potenciais impactos ambientais negativos, como a desflorestação, a perda de biodiversidade e a utilização de água.

- **Solução:** Implementar regulamentos ambientais rigorosos, promover práticas sustentáveis de utilização dos solos e incentivar a utilização de resíduos e detritos como matérias-primas.

Logística e infra-estruturas:

- **Desafio:** Recolher, transportar e armazenar eficazmente as matérias-primas de biomassa.

- **Solução:** Desenvolver cadeias de abastecimento eficientes, investir em infra-estruturas e otimizar a logística para reduzir os custos e os impactos ambientais.

7.6 Estudos de caso

Estudo de caso 1: Programa de etanol de cana-de-açúcar do Brasil O Brasil é líder mundial na produção de etanol, principalmente a partir da cana-de-açúcar. O programa de etanol do país reduziu significativamente as emissões de gases de efeito estufa, criou empregos e aumentou a segurança energética. O sucesso do Brasil é atribuído às políticas de apoio, aos avanços tecnológicos e ao uso do bagaço da cana-de-açúcar (resíduos) para a co-geração de eletricidade.

Estudo de caso 2: Aquecimento urbano a biomassa na Dinamarca A Dinamarca tem um sistema de aquecimento urbano bem estabelecido que utiliza biomassa, incluindo aparas de madeira, palha e resíduos. O país integrou com sucesso a biomassa no seu cabaz energético, reduzindo as emissões de carbono e fornecendo aquecimento acessível às famílias. O sucesso da Dinamarca deve-se ao forte apoio do governo, ao investimento em infra-estruturas e à colaboração com as comunidades locais.

Estudo de caso 3: Indústria de etanol de milho dos Estados Unidos Os Estados Unidos são o maior produtor de etanol de milho, que é utilizado como combustível para transportes. A indústria tem contribuído para o desenvolvimento económico rural, a segurança energética e a redução das emissões de gases com efeito de estufa. No entanto, também tem sido alvo de críticas devido ao seu impacto nos preços dos alimentos e na utilização dos solos. Os EUA estão agora a concentrar-se no desenvolvimento de biocombustíveis avançados a partir de matérias-primas não alimentares para responder a estas preocupações.

7.7 Perspectivas futuras

O futuro da energia da biomassa é moldado pelos avanços tecnológicos, pelo apoio político e pelo crescimento do mercado. As inovações em curso e os esforços para enfrentar os desafios impulsionarão a expansão da energia da biomassa.

Inovações tecnológicas:

- **Biocombustíveis avançados:** Desenvolvimento de biocombustíveis de segunda geração a partir de matérias-primas não alimentares, como o etanol celulósico, o biobutanol e os biocombustíveis à base de algas.

- **Biorefinarias:** Instalações integradas que convertem a biomassa em múltiplos produtos, incluindo biocombustíveis, bioquímicos e materiais de base biológica.

- **Gaseificação e pirólise:** Melhorias nas tecnologias de gaseificação e pirólise para aumentar a eficiência, reduzir os custos e aumentar a produção de produtos de elevado valor.

Tendências políticas e de mercado:

- **Políticas de apoio:** Incentivos governamentais, quadros regulamentares e cooperação internacional para promover o desenvolvimento da energia da biomassa.

- **Compras empresariais de energia renovável:** Procura crescente por parte das empresas que procuram atingir os objectivos de sustentabilidade através da aquisição de energia renovável.

- **Cooperação global:** Colaboração internacional para partilhar as melhores práticas, investigação e esforços de desenvolvimento, especialmente nos países em desenvolvimento.

Integração ambiental e social:

- **Práticas sustentáveis:** Enfatizar os princípios do desenvolvimento sustentável no planeamento e implementação da energia de biomassa.

- **Benefícios para a comunidade:** Assegurar que as comunidades locais beneficiam dos projectos de biomassa através de melhores infra-estruturas, serviços sociais e oportunidades económicas.

- **Conservação da Biodiversidade:** Dar prioridade à conservação da biodiversidade e à proteção dos ecossistemas no desenvolvimento da energia da biomassa.

7.8 Conclusão

A energia da biomassa é uma fonte de energia versátil e renovável que oferece benefícios económicos e ambientais significativos. Ao enfrentar os desafios através de inovações tecnológicas, apoio político e práticas sustentáveis, a energia da biomassa pode desempenhar um papel crucial na transição global para um futuro energético sustentável. O próximo capítulo explorará a energia dos oceanos, examinando os seus princípios, aplicações e potencial no conjunto das energias renováveis.

Capítulo 8: Conclusão e perspectivas futuras

A viagem através do panorama diversificado das tecnologias de energias renováveis realçou o potencial transformador e a importância crítica destes recursos na abordagem dos desafios energéticos globais. Este capítulo final sintetiza as principais ideias dos capítulos anteriores, salientando a interligação de várias tecnologias renováveis, os benefícios globais e os passos necessários para garantir um futuro energético sustentável.

8.1 Principais ideias sobre as tecnologias das energias renováveis

Cada tecnologia de energia renovável abordada neste livro - solar, eólica, hidroelétrica, geotérmica, biomassa e energia dos oceanos - oferece vantagens únicas e enfrenta desafios distintos. Aqui estão os principais pontos de vista:

Energia solar:

- **Vantagens:** Abundante, amplamente distribuído e escalável de pequenas a grandes aplicações.

- **Desafios:** Intermitência, utilização do solo e custos de capital inicial.

- **Prioridade no futuro:** Melhorar a eficiência, reduzir os custos e integrar soluções de armazenamento de energia.

Energia eólica:

- **Vantagens:** Elevado rendimento energético, baixos custos operacionais e potencial offshore significativo.

- **Desafios:** Impactos visuais e sonoros, intermitência e considerações relativas à vida selvagem.

- **Foco no futuro:** Melhorar a tecnologia eólica offshore, minimizar os impactes ambientais e integrá-la em redes inteligentes.

Energia hidroelétrica:

- **Vantagens:** Produção de energia fiável e em grande escala com capacidade de armazenamento.

- **Desafios:** Impactos ambientais nos ecossistemas aquáticos e deslocação das comunidades.

- **Foco futuro:** Desenvolver projectos de pequena escala e a fio de água, melhorar as turbinas amigas dos peixes e adaptar as barragens existentes.

Energia geotérmica:

- **Vantagens:** Alimentação contínua, em carga de base, com baixas emissões.

- **Desafios:** Custos iniciais elevados, disponibilidade geográfica limitada e sustentabilidade dos reservatórios.

- **Foco futuro:** Avançar com os sistemas geotérmicos melhorados (EGS), reduzir os custos de perfuração e expandir as aplicações de utilização direta.

Energia de biomassa:

- **Vantagens:** Utilização de materiais residuais, neutralidade de carbono e versatilidade.

- **Desafios:** Disponibilidade de matérias-primas, utilização dos solos e barreiras tecnológicas.

- **Foco no futuro:** Desenvolvimento de biocombustíveis avançados, melhoria das tecnologias de conversão e promoção de práticas sustentáveis em matéria de matérias-primas.

Energia dos oceanos:

- **Vantagens:** Vasto potencial de marés, ondas e fontes térmicas.

- **Desafios:** Imaturidade tecnológica, custos elevados e impactos ambientais.

- **Foco no futuro:** Aumentar a eficiência dos dispositivos, reduzir os custos e abordar as preocupações ambientais.

8.2 Sistemas integrados de energia renovável

O futuro das energias renováveis reside na integração de diversas tecnologias para criar sistemas energéticos resilientes e eficientes. Os sistemas integrados de energias renováveis podem fornecer energia estável e fiável, combinando os pontos fortes de diferentes tecnologias.

Sistemas híbridos:

- **Definição:** Combinação de várias fontes de energia renováveis, como a solar e a eólica, com o armazenamento de energia para garantir um fornecimento contínuo de eletricidade.

- **Benefícios:** Maior fiabilidade, utilização optimizada de recursos e menor necessidade de combustíveis fósseis de reserva.

- **Exemplos:** Híbridos solar-eólicos, híbridos solar-geotérmicos e híbridos biomassa-eólicos.

Redes inteligentes:

- **Definição:** Redes eléctricas avançadas que utilizam tecnologia digital para gerir e distribuir energia de forma eficiente.

- **Benefícios:** Melhoria da estabilidade da rede, melhor integração das energias renováveis e gestão da energia em tempo real.

- **Tendências futuras:** Incorporação da inteligência artificial, resposta à procura e recursos energéticos distribuídos (DER).

Microrredes:

- **Definição:** Redes localizadas que podem funcionar de forma independente ou em conjunto com a rede principal.

- **Benefícios:** Aumento da segurança energética, resiliência contra cortes de energia e apoio a zonas remotas ou mal servidas.

- **Aplicações:** Eletrificação rural, recuperação de catástrofes e projectos energéticos comunitários.

8.3 Considerações políticas e económicas

Políticas e incentivos económicos eficazes são cruciais para a adoção e desenvolvimento generalizados das tecnologias de energias renováveis. Os decisores políticos, as partes interessadas do sector e as comunidades devem trabalhar em conjunto para criar um ambiente favorável.

Medidas políticas:

- **Normas de Portfólio Renovável (RPS):** Obrigação de uma determinada percentagem de energia proveniente de fontes renováveis.

- **Tarifas de alimentação (FiTs):** Contratos a longo prazo e preços garantidos para os produtores de energias renováveis.

- **Incentivos fiscais:** Oferta de créditos e deduções fiscais para investimentos e produção de energias renováveis.

Incentivos económicos:

- **Subvenções e subsídios:** Prestação de apoio financeiro à investigação, desenvolvimento e implantação de tecnologias renováveis.

- **Obrigações verdes:** Emissão de obrigações para obter capital para projectos e infra-estruturas de energias renováveis.

- **Fixação de preços do carbono:** Implementação de impostos sobre o carbono ou de sistemas de limitação e comércio para internalizar os custos ambientais dos combustíveis fósseis.

Dinâmica do mercado:

- **Redução de custos:** Conseguir economias de escala e avanços tecnológicos para baixar os custos das energias renováveis.

- **Tendências de investimento:** Aumento dos investimentos privados e públicos em projectos de energias renováveis e inovação.

- **Cooperação global:** Promover a colaboração internacional para partilhar conhecimentos, tecnologia e recursos.

8.4 Impacto ambiental e social

A transição para as energias renováveis tem profundas implicações ambientais e sociais. O desenvolvimento sustentável deve equilibrar as necessidades energéticas com a preservação ecológica e a equidade social.

Benefícios ambientais:

- **Redução das emissões:** Redução significativa das emissões de gases com efeito de estufa em comparação com os combustíveis fósseis.

- **Conservação:** Proteção dos habitats naturais e da biodiversidade através de práticas sustentáveis.

- **Gestão de recursos:** Utilização eficiente dos recursos e reciclagem de resíduos.

Prestações sociais:

- **Criação de emprego:** Criação de oportunidades de emprego nos sectores das energias renováveis.

- **Acesso à energia:** Fornecer energia fiável e a preços acessíveis a comunidades remotas e mal servidas.

- **Melhorias na saúde:** Reduzir a poluição do ar e da água, conduzindo a melhores resultados em termos de saúde pública.

Envolvimento da comunidade:

- **Participação:** Envolver as comunidades locais nos processos de tomada de decisão e no desenvolvimento do projeto.

- **Educação:** Sensibilização para os benefícios e oportunidades das energias renováveis.

- **Equidade:** Assegurar uma distribuição equitativa dos benefícios e abordar os potenciais impactos negativos nas populações vulneráveis.

8.5 Perspectivas futuras e recomendações

O futuro das energias renováveis é brilhante, com as inovações em curso, as políticas de apoio e a crescente consciencialização do público a impulsionar a sua expansão. Para realizar plenamente o potencial das energias renováveis, são essenciais as seguintes recomendações:

Investir em investigação e desenvolvimento:

- **Inovação:** Apoiar a investigação de ponta para desenvolver novas tecnologias e melhorar as existentes.

- **Colaboração:** Promover parcerias entre o meio académico, a indústria e o governo para acelerar os avanços.

Melhorar os quadros políticos:

- **Estabilidade:** Proporcionar segurança política a longo prazo para atrair investimentos e apoiar o crescimento do mercado.

- **Flexibilidade:** Adaptar as políticas para atender aos avanços tecnológicos e à evolução das condições de mercado.

Promover o investimento público e privado:

- **Financiamento:** Aumentar o financiamento de projectos e infra-estruturas de energias renováveis.

- **Incentivos:** Criar mecanismos financeiros atractivos para incentivar a participação do sector privado.

Fomentar a cooperação internacional:

- **Partilha de conhecimentos:** Intercâmbio de melhores práticas, tecnologias e conhecimentos especializados além-fronteiras.

- **Iniciativas globais:** Participar nos esforços internacionais para combater as alterações climáticas e promover o desenvolvimento sustentável.

Apoiar práticas sustentáveis:

- **Gestão de recursos:** Assegurar a utilização sustentável dos recursos naturais e minimizar os impactos ambientais.

- **Envolvimento da comunidade:** Envolver as comunidades locais no planeamento e na partilha de benefícios.

Educar e sensibilizar:

- **Divulgação:** Realizar campanhas de sensibilização do público para realçar os benefícios das energias renováveis.

- **Formação:** Fornecer programas de educação e formação para criar uma força de trabalho qualificada.

8.6 Conclusão

A transição para um futuro energético sustentável é simultaneamente uma necessidade e uma oportunidade. As tecnologias de energias renováveis oferecem soluções viáveis para enfrentar os desafios prementes das alterações climáticas, da segurança energética e do desenvolvimento sustentável. Aproveitando os pontos fortes de diversos recursos renováveis, promovendo a inovação e implementando políticas de apoio, podemos construir um sistema energético resiliente e equitativo para as gerações futuras. Este livro fornece uma visão abrangente das tecnologias de energias renováveis, salientando o seu potencial, benefícios e desafios. À medida que avançamos, os esforços colectivos de indivíduos, comunidades, governos e indústrias serão cruciais para concretizar a visão de um futuro energético limpo, sustentável e próspero.

Referências:

[1] F. Rizzi, N.J. van Eck, M. Frey, A produção de conhecimento científico sobre energias renováveis: tendências mundiais, dinâmicas, desafios e implicações para a gestão, Renew. Energy 62 (2014) 657-671.

[2] E. Vine, Breaking Down the Silos: the Integration of Energy Efficiency, Renewable Energy, Demand Respond and Climate Change, vol. 1, Energy Efficiency, 2008, pp. 49-63.

[3] S. Manish, I.R. Pillai, R. Banerjee, Sustainability analysis of renewables for climate change mitigation, Energy Sustain. Dev. 10 (4) (2006) 25-36.

[4] W.G. Santika, M. Anisuzzaman, P.A. Bahri, G. Shafiullah, G.V. Rupf, T. Urmee, From goals to joules: a quantitative approach of interlinkages between energy and the Sustainable Development Goals, Energy Res. Social Sci. 50 (2019) 201-214.

[5] A. Raheem, S. Samo, A. Memon, S.R. Samo, Y. Taufiq-Yap, M.K. Danquah, R. Harun, Renewable energy deployment to combat energy crisis in Pakistan, Energy Sustain. Soc. 6 (1) (2016) 16.

 [6] R. Banos, ˜ F. Manzano-Agugliaro, F.G. Montoya, G. Consolacion, ' A. Alcayde, J.A. Gomez, ' Métodos de otimização aplicados às energias renováveis e sustentáveis: uma revisão, Renew. Sustain. Energy Rev. 15 (4) (2011) 1753-1766.

[7] A. Qazi, F. Hussain, N. Abd Rahim, G. Hardaker, D. Alghazzawi, K. Shaban,

K. Haruna, Rumo à energia sustentável: uma revisão sistemática das tecnologias de fontes de energia renováveis e opiniões públicas, IEEE Access 7 (2019) 63837-63851.

[8] R. Kardooni, S. Yusoff, F. Kari, Renewable energy technology acceptance in Peninsular Malaysia, Energy Pol. 88 (2016) 1-10.

I want morebooks!

Buy your books fast and straightforward online - at one of world's fastest growing online book stores! Environmentally sound due to Print-on-Demand technologies.

Buy your books online at
www.morebooks.shop

Compre os seus livros mais rápido e diretamente na internet, em uma das livrarias on-line com o maior crescimento no mundo! Produção que protege o meio ambiente através das tecnologias de impressão sob demanda.

Compre os seus livros on-line em
www.morebooks.shop

MIX
Papier aus verantwortungsvollen Quellen
Paper from responsible sources
FSC® C105338